动物园里的朋友们

（第三辑）

我是臭鼬

［俄］塔·乌斯季诺娃 / 文

［俄］亚·普罗丹 / 图

于贺 / 译

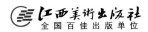

江西美术出版社

全国百佳出版单位

8 只条纹臭鼬
差不多和你
一样重。

最大的臭鼬和最小的臭鼬
之间体形相差数倍。

2

臭鼬家族有 **12** 种臭鼬。

我是谁?

　　鉴于你正在读这本书,说明你是人类而不是臭鼬。那你可太不走运了! 我是条纹臭鼬! 我漂亮又敏捷,迷人又可爱,还有一条大尾巴呢! 无论是多么理智的人都无法抗拒这样的尾巴,不是吗? 我的尾巴毛茸茸的,而且特别柔软! 我后背长着两道神奇的雪白色条纹,这两道条纹在我的脑袋和尾巴的位置完美地融合为一道,你看到了吗? 可能每个人都梦想着自己的后背上也能长两道这么精致的条纹,我说得没错吧? 我们臭鼬不是大型动物,毕竟块头不那么重要,最重要的是美貌和智慧,要知道我们的美貌和智慧都要过剩了。虽然我不知道怎么才能跑得快,但我游泳很棒! 当然有时候我也能跑一跑! 就像闪电一样飞奔,和奥运冠军差不多! 你骑自行车吗? 好吧,我跑起来的速度差不多和你骑自行车一样快! 但我跑不了太久,跑一会儿,就跑不动了,然后就会停下来休息。对了! 我忘记说我的名字了! 我叫艾凡赫! 这名字好听吧?

3

条纹臭鼬不喜欢密林和沼泽。

长寿的臭鼬在动物园里可以活到 **14** 岁。

我们的居住地

　　我和亲戚们住在美洲。在这里我们生活得很舒服，因为我们喜欢温暖的气候。我们还喜欢草地、田野、高高的草丛。妈妈喊我："艾凡赫，来吃午饭吧！"可我并不想去，在草地上待着多舒服啊！我有很多亲戚，人类给他们起了一些奇怪的名字，说实话有的名字真令人难堪！猪鼻臭鼬——这名字真不像话！啊，还有臭獾、冠臭鼬、斑臭鼬，还有……算了，不提了！顺便一说，臭獾住在印度尼西亚群岛上，离我们真的很远很远。我从来没见过他们，也从来没有去他们那儿做客。我们寿命很长——能活7~10年。其实这已经很长了！如果在动物园里，甚至还能活到14岁呢！

我可真漂亮

　　我可真是好看呢！我说得对吧？我的身体强健，爪子短小有力。你养猫吗？我比猫咪要重一些！虽然比他们胖，但也没有胖太多。耳朵？看看我的耳朵吧！你的耳朵可长不成这样！我有一对圆滚滚、毛茸茸的耳朵，这可不只是耳朵，更是命运的礼物呀。我亮闪闪的黑眼睛，简直是诗人的梦想！关于我的尾巴，我已经说过了，我拥有世界上最美丽的尾巴，几乎每个人都梦想拥有它。我的尾巴黑白相间，尾巴尖儿是纯白色的！我毛茸茸的外衣上也有条纹，有些亲戚的外衣上甚至还有斑点呢。妈妈经常说："艾凡赫，儿子啊！炫耀可不是好事！"但我吹牛了吗？我只是一只非常美丽的小动物罢了，真想坐下来静静地看看自己呀！

每个臭鼬身上条纹的宽度、
长度都不一致。

也有一些臭鼬是纯白色
或纯黑色的。

我们不止有美貌

　　在野外规规矩矩生活的野兽该有的东西我都有——有力的爪子和锋利的牙齿。我每只爪子上有五个指头。听说人类也有五个手指，但我也不是很清楚。我的爪子底部光秃秃的，在柔软的草地上跑来跑去真是太舒服了！虽然草地经常会让我感到有些痒，不过特别快活。有时候我还会开心地翻跟头呢。我用前爪刨土，就能把蠕虫或幼虫从土地里挖出来了。听说，你们人类的小孩不吃蠕虫！我不明白为什么，因为它们真的太好吃了！妈妈总是说："艾凡赫，洗洗你的爪子吧，看看脏成什么样了！"但是让爪子保持干净的话就不能如此灵活地捕捉蚱蜢和蜜蜂了！所以呀，我才不会洗我的爪子呢。

　　我喜欢让尾巴竖起来。第一，这看起来非常漂亮。第二，其他动物远远地就能看到我在草丛中竖起的尾巴，他们会想："这是多么大的野兽呀！最好绕过他！"然后就绕着我跑走了，对我来说，这样就很方便保护自己。我还有一种自我保护手段，一会儿再告诉你。

臭鼬的牙齿
比你多，足足
有 **34** 颗。

臭鼬前掌的爪子比后掌的长。

条纹臭鼬可以看清 **3** 米内的物体。

斑点臭鼬能在 **7** 米远的地方就辨识出猎物。

我们的感官

　　我承认自己的视力不怎么好。妈妈说："艾凡赫，你一直在炫耀自己。"现在呢，我就不显摆了，我承认自己近视得很厉害。近一点儿的物体没什么问题，超过3米的远处就看不太清了。不过那又怎样？

　　我可以很准确地闻出各种气味。瞧！我能在1.5千米远的地方闻到你们人类的气味。

　　我的听力也很好。如果你来美洲做客，到田野里和草地上散步时，你一踩脚，我立刻就能听到你的声音。我不会像你们人类一样用语言交流，当然这并不会给我添麻烦。我可是什么事儿都能表达清楚呢，如果我对着亲人把毛发竖起来或者拱起后背——他们就什么都明白了，多么心有灵犀呀！我还可以吡吡吡、吱吱吱地叫，有时候也会小小地吼叫一下。

我们擅长什么？

我什么都擅长！我可是速度最快、最敏捷的动物！好吧，妈妈又听到了，于是对我喊道："艾凡赫，别吹牛了！"好吧，其实我不怎么喜欢跑步，通常只是走一走。可有时候我也能跑得很快，只不过坚持不了多长时间。而我的亲戚，斑点臭鼬，他们爬上爬下、跳来跳去都比我灵活。不知道为什么我们条纹臭鼬不会爬树。那跳呢？我们跳得也不高。有时候，我们会拖走人们铺在地上用来野餐的毛毯，或者被丢在一旁的玩具。所以，当你来美洲野餐时，一定要照看好自己的玩具哦！可能在你发呆的时候，我跑过来一下子就把它们拖走了。

臭鼬跑起来能加速到每小时 **16** 千米，是人类走路速度的 **4** 倍。

臭鼬在地面上不是跑来跑去，而是蹦着走。

斑点臭鼬会爬上爬下、上蹿下跳，但条纹臭鼬却不会这些。

13

臭鼬体液的气味能在人类的衣服上停留 **5** 个月。

我们臭味的来源

　　太可怕了！太可怕了！居然还有人称我们臭鼬为"臭烘烘的家伙"。臭鼬会散发臭味，这是为什么呢？这是我的一个小伎俩——当我遇到危险的时候，例如，有野兽要袭击我，我就会背朝敌人，从我漂亮的尾巴下面喷出一股特殊的臭液！敌人就会落荒而逃啦，这太有趣了！我的"秘密武器"发出的臭味实在让人难以忍受，足以让他们无法呼吸。但是只有感受到威胁时，我才会这样做！其实我自己完全不觉得臭，更准确地说，这气味闻起来还很令我心情愉悦呢！人们在谈论到我们时总会说：臭鼬的气味真的太臭了，让人讨厌！所以，当你去美洲郊外野餐的时候，请时刻注意周遭的一切，举止也得礼貌一些。要是你无意间吓到我，我也会向你喷出自己的"秘密液体"！那你的衣服就该扔掉了，恐怕你还得在家里待上几天，直到气味消失。

臭鼬可以从 **3~6** 米远的地方击中敌人。

我们的食物

　　我可喜欢吃东西了！臭虫、蚱蜢、蚂蚁、蝗虫，甚至蜜蜂——这些都非常好吃，都是戒不掉的美味，我能吃上一整天呢！妈妈说："艾凡赫，如果你整天这么吃，就会越来越胖，那更跑不动了！"那又怎样？我真的不太喜欢跑步！有时我像浣熊一样，也会吃螃蟹、青蛙和小蛇。这些食物也很可口！还有的时候我能在草丛里发现鸟窝，那就能吃到鸟蛋了。我还喜欢各种浆果，比如蓝莓、黑莓、樱桃。

　　我是这样捉住蜜蜂的：偷偷地走到蜂房旁边，用爪子挠。蜜蜂会飞出来瞧瞧发生了什么事，啊哈，就在这时我立刻捉住它们。而且我不怕蜇。就让他们蜇吧！

秋天，臭鼬吃果实和种子比较多，
夏天则主要吃昆虫。

臭鼬在傍晚和夜间出去觅食。

冬天，臭鼬妈妈和孩子们一起冬眠，
臭鼬爸爸则会自己单独睡。

臭鼬的洞穴在地下 1 米左右的地方。

洞穴中地道的长度为 2~6 米。

18

我们的生活

　　我和你们的作息规律是相反的——我白天睡觉，你们所说的傍晚相当于我们的清晨，起床后我就去打猎。我住在洞穴里，我有好多洞穴呢，彼此相距很远，但我总能毫不费力地找到它们。我们臭鼬很少自己挖洞，那些现成的洞穴对我们来说已经足够了——大树上的树洞、岩石上的洞穴。其他野兽为自己建造住所的时候，我们臭鼬也会搬进他们的家里，和他们和睦地做邻居。我们不需要特别大的空间！有时我们也会亲自打洞，妈妈会教我怎么打。冬季，我们条纹臭鼬几乎可以睡上整个冬天！我是多么喜欢冬天，多么喜欢睡觉呀！我会和自己的亲人们舒服地依偎在一起，这样更温暖呢！用干燥的杂草和落叶铺成的垫子特别舒服，我们还会用杂草覆盖住洞口。就这样睡着睡着，突然醒来，万岁！春天到了！

每个条纹臭鼬的家庭里
有 只臭鼬宝宝。

12 个月大的臭鼬就成年了。

我们的臭鼬宝宝

　　我们臭鼬在照顾女朋友时非常温柔、绅士——不过当遇到竞争对手时，就是另一种情景了，我们会咬住他们并与之搏斗，用肩膀顶着他们，死死咬住不松口！妈妈告诉我，臭鼬在找到自己的伴侣后，每年会怀一次宝宝。妈妈很早就开始期盼着我的落地——大约要等待 2 个月。她在树根处挖了一个特殊的洞，这样可以更方便地照顾即将出生的宝宝们。

　　我们就在这个洞穴里出生了。我一共有 5 个兄弟姐妹，加上我一共 6 只臭鼬宝宝，刚出生的我小小的、光秃秃的，什么也看不到、听不见。大约两周后，我可以看到东西了。又过了一段时间，我就能听到声音了。那时，我就已经可以用"秘密液体"攻击敌人了，就是这样！我很快学会了走路，妈妈也开始教我们怎样捕猎食物。她给我们展示了如何征服一只蚱蜢，她用前爪抓住，然后又把它放走，这样我们就可以自己抓住它啦！就拿我来说，我一下子就能提住它！

在美国的许多州，要想养宠物臭鼬必须事先获得专门的许可证。

我们的天敌

　　我最大的天敌就是你们人类，的确如此。我们有时还会被你们猎杀，因为你们想得到我们的皮毛，毕竟我们的皮毛如此漂亮！还有人是因为无法忍受我们的气味，可是事实上，如果我们不生气就不会主动发起攻击，绝对没有任何气味！对我们来说，汽车也是可怕的敌人！过马路时，我们如果没有注意到往来的汽车，就会被卷到车轮底下！所以我们总是需要仔细观察马路两侧，确定安全后再过马路。幸运的是，最近人们开始注意这一点了，离我们远远的。现如今人类还会邀请我们到他们的房子里居住呢！嗯，就像狗狗和猫咪一样！很少有动物想要猎捕我们，我们完全有能力保护自己！美洲狮或者猞猁只有在非常饥饿时，才会猎食我们。有时狼也会这么做。好吧，我也不喜欢猛禽，因为他们也会攻击我们——金雕、海雕、红尾鵟和猫头鹰。别人说我们臭鼬满身缺点，但我始终坚信我们只有优点！我们会给人类带来益处——消灭蝗虫、啮齿动物，还有可恶的科罗拉多马铃薯甲虫。

臭鼬在喷射自己的"秘密液体"前总会发出警告。

你知道吗?

以前，人们认为
臭鼬与貂、水貂、獾是一家人。

专家们曾反复考察臭鼬的亲缘关系，断定它们和熊猫的关系更近。但这里所提到的"熊猫"并不是那些黑白相间的大熊猫，而是其他种类的熊猫，比如小熊猫。后来专家们又经过良久的思考，终于确定臭鼬有着独立的科属。

臭鼬的拉丁学名 mephitis
是为了纪念一位古罗马的女神。

有一次，意大利的一座火山喷发，熔岩流淌，火焰爆燃，释放出火山灰和有毒的地下气体。人们相信女神美菲提斯（Mephitis）会保护他们免受恶臭的火山烟雾的伤害！大概专家们也希望这位女神可以把臭鼬的"秘密武器"变得好闻一些吧！

想得太美了。其实臭鼬的气味
并非对每一个人都如同噩梦一般。

第一，就是臭鼬它们自己——它们的气味对自己一点儿影响都没有！第二，就是美洲雕鸮，这是一种奇怪的鸟，它们根本不怕臭鼬体液的气味。第三，对某些人类来说，这种黑白相间的小动物的"秘密武器"根本不会对他们产生什么影响！是的，不过这种人很少，大约 1000 个里面才有一个，但他们确实存在。他们虽然可以像别人一样闻到别的气味，但确实无法察觉到臭鼬体液的气味。这也太神奇了，难道不是吗？

大概只有这类人才会在家里养臭鼬吧，
要是去他们家里做客，
还真是有一点儿可怕。

如果臭鼬突然生气了怎么办？必须跑吗？如果来不及跑怎么办？来得及的！因为臭鼬不仅非常漂亮聪明，而且非常讲究：在开火之前，它们会优雅地发出警告！说实话，臭鼬只是吝惜即将被白白浪费的"秘密武器"而已……

因为它们的"秘密武器"并不是用之不尽的，
喷射 **5~6** 次就会彻底空了。

此后大约需要10天的时间来补充消耗的体液！当然，周围的人并不知道它的"弹药"已经用完了，以防万一，人们仍然会有些畏惧臭鼬。可臭鼬知道自己已经失去了保护，所以有些不太自信……

因此，对于所有的天敌，
臭鼬都会尽力避而远之。

不过，独特的黑白皮毛可以帮助它们远离那些麻烦事儿。毕竟在一生中，哪怕仅和臭鼬交锋过一次，也会牢牢记住它的样子，今后无论何时都会离它们远远的。

如果记性不太好怎么办？
或者从未见过且从没听说过臭鼬，
那么遇到这个可爱的小动物，
又会有什么在等着你呢？

臭鼬会试图吓唬你：它会拱起背部，开始用前爪恶狠狠地击打地面。如果没有用的话，接着它就会竭力蓬起自己的尾巴，让它竖起来。这是什么意思呢？"快跑吧！我要向你射击了！"

条纹臭鼬的行为和刚才所讲的一样。
而它的亲戚斑点臭鼬简直
是一位杂技演员。

你知道它是怎么吓唬人的吗？它用前爪撑起身子，抬起后腿，倒立起来，希望自己看起来更高大，然后注视着对手，看看对方有没有被吓到，或者会不会大吃一惊？通常臭鼬这种行为会让身边的野兽一头雾水："这看起来太奇怪了！我还是别攻击它了！"

喏，这确实让人摸不着头脑！
斑点臭鼬还很擅长在倒立时射击。

你可能会想，是什么在那里飞溅呢？想象一下，如果把臭鸡蛋、大蒜和烧焦的橡胶的气味混合到一起，再浓缩1000倍——够恶心了吧！重点是，任何方法都洗不去、除不掉这种气味……当臭鼬把体液喷射到狗狗身上时，有人建议用番茄汁进行清洗。但老实说，效果也并不好。

顺便一提，臭鼬的“秘密武器”
也可以带来不少好处呢！

很久以前，有人就将一种具有相同气味的物质加入到普通的燃气中，就是厨房炉灶里妈妈用来煮粥的燃气！知道吗？有时人们说：“噢！有股燃气味！”实际上，这闻起来就很像臭鼬的气味，只不过气味淡一些。燃气本身是没有任何气味的，如果不是添加了这种物质，人们就很难察觉发生了泄漏，任何燃气泄漏可都是非常危险的！

臭鼬多么有益呀！大家都尊敬它们，
为了让别人注意到自己，
它甚至都不需要提高嗓门。

因此，条纹臭鼬都默不作声，它们不哭、不闹、不叫。但这并不是因为它们不会，而是因为它们有着良好的家教。其实臭鼬们也很想闲聊！有时，温顺的臭鼬也会发出嗞嗞的叫声、呜呜的低吼声、轻轻的咕咕声，甚至也可以像鸟儿一样叽叽喳喳地叫。

它们多么可爱，多么聪明，
多么敏捷！真是些机敏的小猎人！

针对每一种猎物，臭鼬都有自己不同的应对方法。臭鼬会把蚱蜢按在地上，用前爪捂住它，它要是逃跑，就一直跟在它身后跳。如果是气步甲虫，臭鼬捉住它之后会在地面上滚动它。气步甲虫也携带着一种有气味的特殊液体，它会在感觉危险时释放出这种液体。因此，臭鼬在土地上一直滚动它，直到气步甲虫再也无力释放自己的“弹药”。

你觉得臭鼬和臭虫有
共同之处吗?
相比起来, 臭鼬肯定漂亮机灵得多!

臭鼬有很多特长, 但也有一些它们做不到的事情。例如, 即使是最愤怒的臭鼬, 也不知道如何在咬住对手的同时喷出自己"臭名昭著"的体液! 还有, 条纹臭鼬不知道如何向上跳, 不知道怎么爬树或者爬桌子腿。这表明家养的臭鼬绝不会从餐桌上偷走你的午餐!

不过, 只有当你养的宠物是条纹臭鼬时,
你的午餐才会免遭劫难。

要是和斑点臭鼬做朋友就是另一码事了: 它们擅长跳跃、攀爬, 所以你得把所有东西都藏起来。一般来说, 要想和这样一个小可爱同住, 你的房子应该是能"防臭鼬的": 你必须把所有东西都藏起来, 上锁牢牢地关好! 否则这个狡猾的黑白皮毛的小可爱, 会在好奇心的驱使下爬来爬去, 并把所有东西都打开瞧一瞧, 所有书本也都会被翻个底朝天, 你的所有东西都会被它拖到自己那儿去。

印第安人想驯化臭鼬——因为这些勇敢的野兽
可以保护美洲的印第安人
免遭耗子和蛇的伤害。

是的, 小臭鼬完全不害怕蛇类! 即使是最危险、毒性最强的蛇, 它们也不害怕。因为臭鼬不会受到毒液的伤害。而且不知是什么原因, 就连响尾蛇的毒液对它们来说, 也一点儿都不可怕!

印第安人认为臭鼬是勇敢的战士，
从不会被敌人吓跑！
他们还相信，每只臭鼬都有
神秘的能力可以
赐予人类力量和耐力。

事实上，臭鼬会向人类传达自己的友好，这才是最重要的！与其他的同类相比，条纹臭鼬更容易被驯服。它们非常可爱、温顺、文静，但也很贪玩，充满好奇心，它们的好奇心一点儿也不比狗狗和猫咪少。只是它们的胃口很不寻常：臭鼬总认为自己吃不饱，所以总是到处讨吃的，甚至是偷好吃的食物。

但是也不能给它喂食太多东西，
要知道过胖的臭鼬可能会生病的。

可以喂它们粥、鸡肉、牛肉、鸡蛋、蔬菜、水果、奶酪、无糖酸奶、坚果及昆虫……还有，一定得牢牢地锁好冰箱、橱柜，甚至是垃圾桶！如果你不上锁，狡猾的臭鼬会把它们通通打开，一一品尝。它们还会挪动家具，刨挖地面。当然这并不是出于恶意，只不过对它们来说，这样做很有趣！

任何一只家养的臭鼬都觉得外面的
生活比家里的更有趣。
所以它们总是想要逃跑。

为了不使臭鼬感到无聊，必须给它们一些玩具玩，越多越好！例如，你的泰迪熊就很适合它们。小臭鼬不喜欢自己单独睡觉！在它自己的篮子或笼子里，臭鼬宝宝会一直依偎着大的毛绒玩具。要是不给它玩具——它会尝试着爬到你的被窝里面！想一想，如果你这样做的话，妈妈会说什么呢？

美国有这样一个家庭,
他们认为家里的臭鼬越多越好!

因此,他们家有多达 14 只漂亮的黑白条纹臭鼬作为宠物!这些家养臭鼬很温顺,就像猫一样!它们坐在人的手上,懂得人们的指令,如果有人叫它们,它们就会跑过来。它们和狗狗做朋友,还知道如何使用猫咪的厕所,也从不会袭击任何人,因为在这所房子里,它们无须害怕!

如果有小偷潜入家中,
臭鼬当然会威胁他们,
将他们狠狠地吓跑!

猜猜接下来会发生什么?臭鼬可以充当看家犬。虽然它不会吠叫,不会咬人(即使咬,也不像大型犬一样凶狠),但是可以暴露强盗的行踪。只要有臭鼬在,小偷们在家里可藏不住——毕竟根据臭味就能找到这些小偷!

现在你知道谁是这世界上
最厉害的野兽了吧!
就算是灰狼、猞猁和熊
都逃不过臭鼬的法眼。

请把我们当作人类来对待，这样我们就会像对待臭鼬同类一样和你们相处。

再见啦！
让我们在美洲见面吧！

动物园里的朋友们

本套书共三辑，每辑 10 册，共 30 册。明星作者以第一人称讲故事的形式，展现每个动物最与众不同、最神奇可爱的一面，介绍了每种动物的种类、生活环境、形态特征、生活习性等各方面。让孩子们足不出户也能了解新奇有趣的动物知识。

第一辑（共 10 册）

我是企鹅

我是狐狸

我是刺猬

我是老虎

我是蝙蝠

我是山羊

我是松鼠

我是狮子

我是北极熊

我是大熊猫

第二辑（共 10 册）

我是海豚

我是河马

我是猫

我是蛇

我是长颈鹿

我是驼鹿

我是蚊子

我是蝴蝶

我是浣熊

我是麝鼹

第三辑（共 10 册）

我是小熊猫

我是大象

我是长尾猴

我是斗牛犬

我是考拉

我是树懒

我是袋熊

我是蚂蚁

我是老鼠

我是臭鼬

图书在版编目（CIP）数据

　　动物园里的朋友们．第三辑．我是臭鼬／（俄罗斯）
塔·乌斯季诺娃文；于贺译．－－南昌：江西美术出版
社，2020.11
　　ISBN 978-7-5480-7515-8

　　Ⅰ．①动…　Ⅱ．①塔…　②于…　Ⅲ．①动物－儿童读
物②鼬科－儿童读物　Ⅳ．① Q95-49

　　中国版本图书馆 CIP 数据核字 (2020) 第 067716 号

版权合同登记号　14-2020-0156

Я скунс
© Ustinova T., text, 2016
© Prodan A., illustrations, 2016
© Publisher Georgy Gupalo, design, 2016
© OOO Alpina Publisher, 2016
The author of idea and project manager Georgy Gupalo
Simplified Chinese copyright © 2020 by Beijing Balala Culture Development Co., Ltd.
The simplified Chinese translation rights arranged through Rightol Media（本书中文简体版权经由锐拓
传媒旗下小锐取得Email:copyright@rightol.com）

出 品 人：周建森
企　　划：北京江美长风文化传播有限公司
策　　划：巴拉拉
责任编辑：楚天顺　朱鲁巍
特约编辑：石　颖　吴　迪　王　毅
美术编辑：童　磊　周伶俐
责任印制：谭　勋

动物园里的朋友们（第三辑）　我是臭鼬
DONGWUYUAN LI DE PENGYOUMEN (DI SAN JI)　WO SHI CHOUYOU

［俄］塔·乌斯季诺娃 / 文　　［俄］亚·普罗丹 / 图　于贺 / 译

出　　版：	江西美术出版社	印　　刷：	北京宝丰印刷有限公司
地　　址：	江西省南昌市子安路 66 号	版　　次：	2020 年 11 月第 1 版
网　　址：	www.jxfinearts.com	印　　次：	2020 年 11 月第 1 次印刷
电子信箱：	jxms163@163.com	开　　本：	889mm × 1194mm 1/16
电　　话：	0791-86566274　010-82093785	总 印 张：	20
发　　行：	010-64926438	ISBN 978-7-5480-7515-8	
邮　　编：	330025	定　　价：	168.00 元（全 10 册）
经　　销：	全国新华书店		